Gopi Krishna Joshi
Bhuwan Singh Bist
Prashant Ghimire

Conflito Homem-Elefante (HEC)

Gopi Krishna Joshi
Bhuwan Singh Bist
Prashant Ghimire

Conflito Homem-Elefante (HEC)

ScienciaScripts

Imprint

Cover image: www.ingimage.com

This book is a translation from the original published under ISBN 978-3-639-71992-5.

Publisher:
Sciencia Scripts
is a trademark of
Dodo Books Indian Ocean Ltd. and OmniScriptum S.R.L publishing group

120 High Road, East Finchley, London, N2 9ED, United Kingdom
Str. Armeneasca 28/1, office 1, Chisinau MD-2012, Republic of Moldova, Europe
Managing Directors: Ieva Konstantinova, Victoria Ursu
info@omniscriptum.com

Printed at: see last page
ISBN: 978-620-8-58445-0

"Para as pessoas e a vida selvagem do Nepal"

Reconhecimento

Gostaríamos de agradecer às pessoas e organizações genuínas cujo apoio e esforço a diferentes níveis nos permitiram realizar este trabalho de investigação. Sem o seu amável apoio e cooperação, este estudo teria sido quase impossível. Talvez seja quase impossível agradecer a cada um deles, mas devemos um agradecimento especial a algumas pessoas que merecem ser reconhecidas.

A nossa mais profunda gratidão e agradecimento especial vai para o nosso conselheiro **Sr. Bikash Adhikari, Professor Assistente do IOF Pokhara,** Co conselheiro **Sr. Bed Kumar Dhakal, chefe de conservação do Parque Nacional Shuklaphanta** pelas suas críticas construtivas e apoio intelectual ao longo de todo este estudo. Sem o seu constante encorajamento, não poderíamos realizar este trabalho de investigação.

Temos de agradecer ao **Sr. Anil Prasai, responsável pelo Programa de Conservação de Shuklaphanta**, pelas suas ideias perspicazes, comentários criativos e construtivos e orientação incansável.

Estamos muito gratos à nossa família pelos cuidados, orientação e apoio dos pais desde o dia em que iniciámos a investigação sobre a vida selvagem. Sem o seu constante encorajamento, não teríamos conseguido realizar este trabalho de investigação.

Temos de agradecer ao **NTNC/SCP, Chandmari Kanchanpur** por nos ter dado apoio à nossa investigação, sem o qual esta não teria sido concluída.

Estamos muito gratos a **Pramod Subedi, Subash Bishwokarma (NTNC/SCP), Bhuwan Chaudhary, Beeju Poudyal, Harish Singh Dhami, Savhyata Lamichhane e Sushil Subedi** pela ajuda e encorajamento contínuos durante esta investigação.

Os nossos agradecimentos especiais vão para **Bijaya Neupane, Ass. Prof IOF Pokhara** por todo o apoio ao nosso relatório e por se interessar por temas semelhantes aos do meu estudo e por me dar orientações.

Estamos muito gratos ao Sr. Saroj Lamichhane, Durga Prasad Joshi, Bishow Poudel, Pramod Subedi, Deependra K.C, Anisha Rana, Bipana Basnet, Anjana Bogati, Puja Basnet, Shakti K.C., Binod Khatiwada e Sagar Pahari por nos terem proporcionado um ambiente de apoio. Os nossos agradecimentos vão para todos os nossos amigos que nos inspiraram em cada um dos nossos passos.

Muito obrigado ao **Sr. Puskar Bahadur Singh e Karna Bahadur Kunwar (BZMC)** pela orientação e apoio.

Resumo

O conflito entre humanos e elefantes (HEC) é uma das principais ameaças à conservação dos elefantes a nível mundial e no Nepal, bem como no contexto atual do Parque Nacional de Shuklaphanta. Foi feito um estudo para avaliar a natureza e a extensão das interações Homem - Elefante na zona tampão através de inquéritos por questionário (n=45), inquérito a informadores-chave, observações no local no ano fiscal 071/072. Os dados foram analisados usando o Microsoft Excels e o mapa foi preparado usando o Arc GIS 10.3. O problema dos danos nas culturas foi maior nos terrenos de cultivo a menos de 500 m de distância do parque. A cultura mais danificada foi (arroz) / (NRs.3466) seguida de trigo, mostarda e cana de açúcar por agregado familiar e propriedade danificada (NRs.101500) em ambas as alas no ano fiscal (71/072). Não foram encontrados registos de ferimentos e mortes de pessoas, elefantes e animais. A nossa investigação sugere que as estratégias de uso da terra devem ser alteradas e as rotas migratórias devem ser vedadas com eletricidade. Além disso, a indemnização deve ser rápida, sustentável e suficiente. No entanto, os inquiridos não ficaram satisfeitos com a compensação, mas mostraram-se positivos em relação à conservação.

Palavras-chave: Danos às culturas, Eficaz, Uso da terra, Sustentável.

Índice

ACRÓNIMOS/ABREVIATURAS

HEC Human Elephant Conflict

ECAP Elephant Conservation Action Plan

CITES Conservation on International Trade in Endangered Species of World Fauna and Flora

IUCN International Union for the Conservation of Nature and Natural Resources

M Meter

KG Kilogram

NPWC National Park and Wildlife Conservation

WR Wildlife Reserve

NP National Park

HWC Human Wildlife Conflict

WWF World Wildlife Fund

PRA Participatory Rural Appraisal

DFO District Forest Office

DNPWC Department of National Park and Wildlife Reserve

HH Household

CAPÍTULO 1

INTRODUÇÃO

1.1 Contexto geral

O elefante é um animal da família *Elephantidae*, da ordem dos "proboscídeos" e da classe dos "mamíferos". *Elephas maximus* é uma das três espécies vivas de elefante. As outras duas espécies, o elefante da savana africana *(loxodonta* Africans) e o elefante da floresta africana (*loxodonta cyclotis*) estão confinados ao continente africano (Elefante - Wikipédia, a enciclopédia livre, 2007). O elefante asiático, uma espécie biológica fundamental nas florestas tropicais da Ásia, está classificado como ameaçado na lista vermelha da IUCN e no apêndice I da CITIES (Choudhury et al., 2008). No Nepal, está incluída como espécie protegida na lei sobre parques nacionais e conservação da vida selvagem de 1973 (DNPWC, 2009). A população estimada de 107-145 elefantes indianos no Nepal em quatro áreas geográficas inclui 7-15 elefantes no Terai oriental, 25-30 elefantes no Terai central, 60-80 elefantes no Terai ocidental e 15-20 elefantes no Terai ocidental (Plano de Ação para a Conservação dos Elefantes, 2009).

O conflito homem-elefante (HEC), a interação entre as pessoas e o elefante que causa um impacto negativo nas pessoas, no elefante e no ambiente, é um dos obstáculos à conservação da biodiversidade (Parker et al., 2007). Este é um dos maiores desafios para os países como o Nepal, que tem um papel significativo na conservação, uma vez que 23,39% da sua área geográfica total está sob o sistema de áreas protegidas (DNPWC, 2016), e fornece um dos habitats importantes para o elefante asiático. A probabilidade de conflito é cada vez maior, uma vez que as populações de animais selvagens, de seres humanos e de gado estão a aumentar e os habitats de animais selvagens estão a diminuir. O elefante é a espécie mais difundida, causando mais de 40% dos conflitos e sendo responsável por 70% das vítimas humanas no Nepal (Bajimaya, 2012). Os elefantes não causam necessariamente os maiores danos, mas são considerados as maiores ameaças para as pessoas que vivem em APs próximas. HEC ocorre onde quer que as pessoas e os elefantes coincidam, o que constitui um desafio óbvio para a conservação dos elefantes (Hoare, 2000, Sitati et al., 2003, Sukumar, 2006). O aumento da população humana intensificou o conflito entre humanos e elefantes quando os elefantes comem ou pisam as culturas. Centenas de elefantes e pessoas são mortos anualmente como resultado do conflito. Assim, HEC é uma preocupação séria tanto para o gestor da área protegida como para a comunidade local (Sitati et al., 2003). O futuro a longo prazo dos elefantes depende da eficácia das medidas tomadas para mitigar tais conflitos (Sukumar, 2006; Hedges e Gunaryadi, 2010). O conflito entre elefantes e humanos tornou-se a questão mais importante e amplamente debatida na conservação da biodiversidade no Nepal (Plano de Ação para a Conservação dos Elefantes, 2009).

As noites sem dormir das pessoas que guardam as suas colheitas e propriedades são um fenómeno comum nos limites das áreas protegidas durante épocas específicas (Bhatta, 2003). Devido à perda e fragmentação do habitat, à caça furtiva, à captura para uso doméstico e aos conflitos com humanos, os elefantes asiáticos registaram um declínio dramático no último século (Pradhan, 2007). De todos os animais selvagens, a destruição provocada pelos elefantes é a mais difundida devido ao seu comportamento de grande alcance, fidelidade à sua área de residência, grande apetite, propensão e capacidade de destruir propriedades. Os danos às culturas provocados pelos elefantes são reportados como sendo os problemas mais difundidos e, por isso, têm sido a causa principal dos conflitos entre humanos e elefantes nos países onde existem elefantes (Shrestha et al., 2007). Frequentemente terminando em morte para os elefantes, o conflito entre humanos e elefantes representa a ameaça mais séria à sobrevivência dos elefantes nos países asiáticos densamente povoados. Os elefantes selvagens que restam na Ásia vivem numa paisagem onde a competição por recursos naturais limitados é significativa. Estas criaturas magníficas parecem estar presas numa teia emaranhada de forças poderosas enquanto lutam pela sobrevivência (WWF, 2002). Para além de ser um

Espécie emblemática, os elefantes representam verdadeiramente a conservação ao nível da paisagem do Terai, uma vez que atravessam para além de quaisquer áreas protegidas. No entanto, a conservação da paisagem nos países em desenvolvimento vem acompanhada de questões de subsistência das comunidades rurais que são os guardiões da terra (Plano de Ação para a Conservação do Elefante, 2009).

1.1.1 Situação dos elefantes asiáticos e sua distribuição

Existem cinco subespécies de elefantes Asain, nomeadamente 1) elefante indiano *(Elephas maximus bengalensis*) 2) elefantes do Ceilão (E. *m. maximus*) 3) elefantes de Sumatra (*E. m. sumatrana*) 4) elefantes da Malásia (*E. m. hirsutus)* e 5) elefante pigmeu de Bornéu *(E. m. borneensis*). A população estimada de elefantes asiáticos selvagens na Ásia varia entre 34.390 e 56.045 e cobre uma área florestal total de aproximadamente 436.230 km^2, dos quais 131.820 km^2 estão em áreas protegidas (Sukumar, 1992). O número estimado de elefantes indianos que ocorrem no Butão, Bangladesh, Índia e Nepal está estimado entre 26.747-31.465 animais.

Distribuição dos elefantes selvagens nesses países:

Quadro 1 Situação do elefante asiático indiano selvagem

S. No.	Country	No. of Elephants
1.	India	26,390-30,770
2.	Bhutan	100-300
3.	Nepal	107-145
4.	Bangladesh	150-250

Fonte: Status of Wild Indian Asian Elephants (Plano de Ação para a Conservação dos Elefantes, 2009).

Os elefantes selvagens asiáticos contam-se entre os maiores mamíferos enumerados no Apêndice 1 da CITES pela União Mundial para a Conservação da Natureza (Groombridge, 1993). Estima-se que a população recente de elefantes selvagens asiáticos no Nepal seja de 50 a 85 animais, habitando uma área florestal total de 2500 km^2. Desta área total, 1600 km^2 estão sob gestão de áreas protegidas (Sukumar, 1992).

As populações estimadas de 107-145 elefantes no Nepal, nas quatro regiões geográficas, são as seguintes

Tabela 2 Distribuição dos elefantes no Nepal

S. No.	Location	No. of Elephants	Affected districts
1.	Eastern Nepal	7-15	Jhapa, Morang, Sunsari, Saptari, Siraha, Dhanusha, Udaypur, Sindhuli
2.	Central Nepal	25-30	Sarlahi, Rautahat, Bara, Parsa, Chitwan
3.	Western Nepal	60-80	Bardia, Banke, Dang
4.	Far-western Nepal	15-20	Kanchanpur, Kailali

Fonte: Distribuição dos elefantes no Nepal (Velde 1997, Pradhan 2007, Pradhan et al.,2011).

1.1.2 O elefante

Elaphas maximus, o elefante asiático, é um dos animais classificados como "em perigo" no Livro Vermelho de Dados da União Internacional para a Conservação da Natureza e dos Recursos Naturais (UICN). Os elefantes asiáticos, um pouco mais pequenos do que os africanos, distinguem-se dos primeiros por terem um único lábio e unhas na pata traseira. O elefante asiático é o segundo maior mamífero deste universo, com uma altura de 7-12 pés e um peso de 3-7 toneladas (6,000-14,000 lbs); e um dos animais mais inteligentes deste mundo. Caracterizam-se pelo seu tamanho maciço, cabeça desproporcionadamente grande, tromba longa e agarrada, olhos e orelhas pequenos. Os elefantes machos adultos pesam até quatro a oito toneladas e medem 2,7 m à altura dos ombros. O dimorfismo sexual é pronunciado, tendo os machos uma presa maior do que as fêmeas (Baral, 1999). Os elefantes asiáticos são herbívoros que subsistem com uma dieta de folhas, caules, frutos, gramíneas e a casca de muitas árvores e outras plantas. Grande parte do habitat da espécie foi convertido em terras agrícolas, pelo que os elefantes alimentam-se frequentemente de culturas domésticas, criando sérios conflitos com os seres humanos. A sobrevivência desta espécie ameaçada de extinção depende da descoberta de formas de reduzir estes confrontos, por vezes mortais, e de preservar um habitat adequado para os elefantes.

1.1.4 Descrição física

- Os elefantes asiáticos têm entre 5,5 e 6,4 m de comprimento.
- Os elefantes asiáticos machos pesam em média 5.221 kg e podem chegar a pesar até 15.000 libras
(6,810 kg); as fêmeas pesam em média 3,465 kg (7,700 libras), mas podem pesar até 4,050 kg (9,000 libras)
Kg).
- Os elefantes asiáticos machos têm, em média, 3,2 m de altura ao nível do ombro; as fêmeas têm, em média, 2,6 m de altura ao nível do ombro
- A sua pele grossa é cinzenta escura e enrugada.
- O tronco distingue-se por um lábio e um nariz musculados e alargados.
- As fêmeas de elefante asiático não têm presas, mas têm pequenas presas no interior da boca.
- Têm orelhas grandes e flexíveis para ajudar a regular a temperatura corporal.

1.1.5 Situação do elefante asiático na Lista Vermelha da IUCN

O elefante asiático *Elephas maximus* foi classificado como "Em perigo" a nível nacional e mundial devido à pequena população de indivíduos adultos e à perda de corredores de ligação. (Jnawali et.al, 2011; IUCN, 2006)

1.2 CENÁRIO DE CONSERVAÇÃO NO NEPAL

A história da conservação da vida selvagem no Nepal começou no tempo do falecido rei Surendra (1847-1881) com o estabelecimento de algumas disposições legais para penalizar e multar os caçadores furtivos. Embora sete reservas de caça reais diferentes tenham sido publicadas ao abrigo da Lei de Proteção da Vida Selvagem em 1969, a gestão da vida selvagem só foi praticamente iniciada após a promulgação da Lei do Parque Nacional e da Conservação da Vida Selvagem (NPWC) de 1973. Esta lei fornece as bases fundamentais para a criação de zonas protegidas e a conservação dos animais selvagens, incluindo os seus habitats. Graças à importância desta lei, foram criadas diferentes zonas protegidas, como Parsa WR, Chitwan NP e Koshi Tappu WR, e a conservação dos elefantes selvagens foi coroada de êxito. O Departamento de Parques Nacionais e Conservação da Vida Selvagem criou um Centro de Reprodução de Elefantes em Chitwan NP para efeitos de conservação ex-situ. 20-25 elefantes domésticos foram colocados no centro de reprodução, o que também constituiu um passo importante na escada da conservação dos elefantes selvagens.

As pessoas exploraram o habitat do elefante para uma variedade de recursos vegetais tais como frutos, cascas de árvores, forragem, combustível e madeira (Sukumar, 1992). O conflito entre as pessoas e os elefantes, que resulta na destruição de culturas e danos à propriedade, e na morte de humanos, é uma questão séria de conservação em partes da Ásia e África (Seidensticker, 1984; Sukumar 1989; Thouless e Sakwa 1994).

Em 1999, o Ministério das Florestas e Conservação do Solo formou um comité de alto nível para a resolução de problemas entre elefantes e humanos para o leste do Nepal, que incluía funcionários superiores do Departamento de Parques Nacionais e Conservação da Vida Selvagem, Departamento de Florestas, Diretor da Reserva e Oficial de Floresta do Distrito. O comité preparou um plano de trabalho e apresentou-o ao Ministério das Florestas e da Conservação dos Solos com uma forte recomendação de mais investigação sobre a inferência de elefantes humanos para resolver este problema

Até à data, ainda não foi efectuado um estudo sobre a conservação do elefante asiático com o controlo do conflito entre a população local e o elefante selvagem e as informações sobre o estatuto dos elefantes e a perda da população local são limitadas. Os conflitos conduzem ao grande problema da gestão dos elefantes selvagens. Este estudo procura, por conseguinte, analisar as questões relacionadas com os conflitos entre humanos e elefantes na zona tampão do parque nacional de Shuklaphanta, no Nepal, centrando-se nos problemas enfrentados diariamente pela população local.

1.3 JUSTIFICAÇÃO DO ESTUDO

Os conflitos entre humanos e animais selvagens tornaram-se recentemente um dos aspectos fundamentais da gestão da vida selvagem, pois representam o desafio mais generalizado e complexo que os conservacionistas de todo o mundo enfrentam atualmente (Shrestha et al., 2007). O habitat fragmentado, as pequenas AP e os corredores degradados aumentaram a depredação das culturas, a perda de propriedades e as mortes humanas (Bhatta, 2003). As pessoas exploraram o habitat do elefante para obter uma variedade de recursos vegetais como frutos, cascas, forragem, combustível e madeira. Devido à falta de alimentos na floresta, os elefantes vêm à aldeia para assaltar as colheitas, destruir propriedades e por vezes matar pessoas (Yadav, 2002). Dentro de cinco anos, de junho a novembro de 2010, na zona tampão da Reserva de Vida Selvagem de Shuklaphanta, recentemente declarada como parque nacional, a expedição de elefantes aos assentamentos humanos causou 16 casos de danos nas casas, 70 incidentes de danos nas colheitas, 11 ferimentos humanos foram registados e 2 mortes humanas encabeçam a lista (SWR, pers. Comm, e BZMC). Uma força puxa os elefantes para fora das florestas e para os campos agrícolas, seja porque eles acham as culturas mais apetitosas ou porque o esgotamento do seu habitat florestal os deixou sem alternativa alimentar. Outra puxa-os de volta para a segurança das florestas para dar à luz e criar as crias. Outra ainda leva-os a fugir - literalmente para salvar a vida - de pessoas que os querem matar para colher a sua carne e marfim ou para os eliminar como pragas agrícolas (WWF, 2002). Assim, é essencial comparar a perceção das pessoas sobre o conflito generalizado entre humanos e elefantes em redor da área protegida e numa área longe do habitat protegido.

Acredita-se que os resultados da investigação serão úteis tanto para os GO/INGO e outras partes interessadas, como para os decisores políticos, para fornecer informações básicas sobre as fontes potenciais de conflitos entre humanos e elefantes no Parque Nacional de Shuklaphanta e nas zonas tampão (BZ) circundantes.

Por último, mas não menos importante, o estudo também será útil no aspeto do planeamento e execução de actividades de desenvolvimento socioeconómico e outras tarefas de gestão na área especificada do parque.

1.4 OBJECTIVOS

O principal objetivo deste estudo foi avaliar o conflito entre humanos e elefantes na zona tampão do parque nacional de Shuklaphanta e descobrir as medidas de adaptação.

Os objectivos específicos do estudo foram os seguintes

1. Avaliar o conflito entre humanos e elefantes e as perdas monetárias associadas.
2. Enumerar as medidas de atenuação baseadas na comunidade e a sua eficácia.
3. Conhecer a perceção das pessoas relativamente à conservação dos elefantes e à satisfação com a compensação.

1.5 LIMITAÇÕES DO ESTUDO

1. Apenas 2 sítios de estudo não são suficientes para tirar conclusões para toda a zona tampão oriental do parque nacional de Shuklaphanta.

2. Não se procedeu à medição efectiva dos danos, tendo esses dados sido retirados da memória dos inquiridos.

3. Devido ao tempo e orçamento limitados, foi difícil abranger outras áreas de estudo.

CAPÍTULO 2

REVISÃO DA LITERATURA

O homem e os elefantes coexistem há séculos. Devido às forças evolutivas da natureza, atualmente, apenas uma família *Elephantidae* da ordem *Proboscidea* sobrevive na Terra. A família consiste em dois géneros: 1) *Loxodonta africana*, conhecido como o elefante africano e 2) *Elephas maximus*, conhecido como o elefante asiático (Yadav, 2002). Os elefantes que ocorrem no Butão, na Índia e no Nepal são, essencialmente, o elefante indiano que está estimado entre 26.747 e 31.465. O conflito entre elefantes e seres humanos tornou-se a questão mais importante e amplamente debatida na conservação da biodiversidade no Nepal (Plano de Ação para a Conservação dos Elefantes, 2009). As noites sem dormir das pessoas que guardam as suas colheitas e propriedades são um fenómeno comum nos limites das áreas protegidas durante épocas específicas (Bhatta, 2003). Devido à perda e fragmentação do habitat, à caça furtiva, à captura para uso doméstico e aos conflitos com seres humanos, os elefantes asiáticos registaram um declínio dramático no último século (Pradhan, 2007). De todos os animais selvagens, a destruição provocada pelos elefantes é a mais difundida devido ao seu comportamento de grande alcance, fidelidade à sua área de residência, grande apetite, propensão e capacidade de destruir propriedades. Os danos às culturas provocados pelos elefantes são reportados como sendo os problemas mais difundidos e, por isso, têm sido a causa principal dos conflitos entre humanos e elefantes nos países onde os elefantes se encontram (Shrestha et al., 2007). Muitas vezes terminando em morte para os elefantes, o conflito entre humanos e elefantes representa a ameaça mais séria para a sobrevivência dos elefantes nos países asiáticos densamente povoados.

O Conflito Homem-Fauna Bravia (HWC) ou interação negativa entre as pessoas e a fauna bravia tornou-se recentemente um dos aspectos fundamentais da gestão da fauna bravia, uma vez que representa o desafio mais generalizado e complexo que os conservacionistas enfrentam atualmente em todo o mundo. O HWC surge principalmente devido à perda, degradação e fragmentação de habitats através de actividades humanas, tais como, exploração madeireira, criação de animais, expansão agrícola e projectos de desenvolvimento (Fernando et al., 2005).O conflito entre humanos e elefantes (HEC) descreve ocorrências de invasão de culturas, danos de infra-estruturas e perturbação das actividades diárias das pessoas devido aos elefantes, que podem resultar em ferimentos ou morte de pessoas e elefantes (Hoare, 2000).

Para além de serem uma espécie emblemática, os elefantes representam verdadeiramente a conservação do Terai Landscapelevel, uma vez que atravessam para além de quaisquer áreas protegidas.

No entanto, a conservação da paisagem nos países em desenvolvimento tem a ver com questões de subsistência das comunidades rurais que são os guardiões da terra (Plano de Ação para a Conservação dos Elefantes, 2009).

Embora o Nepal tenha sido o lar de uma população residente de elefantes, a erradicação da malária na década de 1950 causou a destruição da maioria das florestas habitadas por elefantes. Este facto levou à aniquilação quase total dos elefantes selvagens no país. No entanto, com algumas destas áreas florestais ainda intactas hoje em dia, o Nepal tem o potencial de suportar manadas residenciais de elefantes, tornando-o uma área importante para a conservação atual e futura dos elefantes (Velde, 1997).

Os elefantes selvagens que restam na Ásia vivem numa paisagem onde a competição por recursos naturais limitados é significativa. Estas criaturas magníficas parecem estar presas numa teia emaranhada de forças poderosas enquanto lutam pela sobrevivência (WWF, 2002). Todos os anos, manadas migratórias de elefantes selvagens atravessam o rio Mechi no Nepal Oriental e entram no país durante o verão e o inverno, danificando as culturas maduras e derrubando as cabanas e as árvores de fruto. No verão, danificam o milho e no outono o arroz. O abate de florestas virgens para o desenvolvimento agrícola e de infra-estruturas, na sequência da erradicação da malária nos anos 60, e o aumento da população humana nas zonas periféricas fragmentaram os habitats dos elefantes nas terras baixas do Nepal. Atualmente, os vagabundos sem rumo nas manchas de floresta fragmentadas não só atacam as colheitas nos campos adjacentes e destroem cabanas e propriedades, como também resultam frequentemente na perda de vidas humanas e na morte da vida selvagem protegida.

CAPÍTULO 3

METODOLOGIA

Área de estudo

O estudo foi efectuado nas alas 14 e 16 do município de Bheem datt, na zona tampão do parque nacional de Shuklaphanta, no Nepal.

O parque nacional de Shuklaphanta situa-se no extremo sudoeste da região de desenvolvimento do extremo ocidental do Nepal, com a longitude e a latitude de 8O°25'''E e 28°35'''N, respetivamente. A sua amplitude altitudinal varia entre 90 e 270 m. Foi oficialmente declarada como reserva de vida selvagem em 1976 e mudou o seu estatuto de reserva de vida selvagem para parque nacional em 2017, embora estivesse protegida desde 1965 como reserva real de Sikar (caça). Inicialmente, a reserva abrangia uma área total de 155 km2, tendo sido posteriormente alargada para 305 km2 em 1994.

O limite noroeste é adjacente aos terrenos agrícolas das povoações do município de Bheem datt. A fronteira nordeste atravessa a autoestrada Mahendra até ao cume das colinas de Churia. O rio Syali demarca o limite oriental da reserva e a fronteira internacional entre o Nepal e a Índia demarca os limites meridional e ocidental.

Zona tampão:

Em maio de 2004, o Governo declarou uma estreita faixa de zona tampão que cobre uma área de 243,5 km2 nas partes sul, leste e oeste, ao abrigo da quarta alteração da Lei NPWC de 1973 (DNPWC, 2016). A BZ inclui zonas florestais, terrenos agrícolas e povoações adjacentes ao parque. A Zona Tampão tem uma população de cerca de 143395 habitantes num total de 22413 agregados familiares (BZMC, 2065).

3.1.1 ala 16

Localização: Fica a 5 km da sede de Kanchanpur e da ala circundante da sede do parque nacional de Shuklaphanta, Majhgaun. Os limites da ala n.o 16 do município de Bheem datt são *Parque Nacional de Shuklaphanta e ala n.o 15 (leste), ala n.o 13* (oeste): *ala 17* (norte) e *ala 14* (sul).

3.1.1.1 Demografia

A maioria dos Brahman reside em Rana tharu e Brahmin. Outras castas de pessoas também residem na ala 16, como Chettri, Magar, Biswakarma, etc.

3.1.1.2 Clima

O clima desta VDC é subtropical, sendo abril e maio os períodos mais quentes. A maior parte da precipitação (média anual de 2336 mm) ocorre durante as monções, nos meses de junho a setembro.

3.1.1.3 Cultura

Nesta zona prevalecem várias culturas de várias etnias, mas as principais festas celebradas nesta zona são Maghi, Dashain e Tihar.

3.1.1.4 Sistema de exploração agrícola

A agricultura é a principal ocupação deste bairro e as principais culturas são o arroz, o trigo, a cana-de-açúcar e a mostarda. As culturas de rendimento mais comuns são os legumes. Para além disso, as pessoas também criam gado, como por exemplo vacas

(Bosindicus), búfalo (*Bubalussp.*), cabra (*Capra hircus*) e porco (*Sus* sp.) para complementar a sua subsistência.

3.1.2 Ala 14

Localização: É o bairro vizinho do 6 e fica perto da sede do parque. Os limites do município de Bheem datt, distrito n.º 14, são: *Parque Nacional de Shuklaphanta (leste), Distrito n.º 13* (oeste): *Distrito 16* (norte) e *Parque Nacional de Shuklaphanta* (sul).

3.1.2.1 Demografia

Este bairro tem uma grande população em comparação com o bairro 16 e as principais etnias que aí vivem são Chetrum, Brahmins, Rena, Bishwokarma e várias outras. A maior parte da população do bairro 14 é hindu.

3.1.2.2 Clima

O clima desta VDC é subtropical, sendo abril e maio os períodos mais quentes. A maior parte da precipitação (média anual de 2336 mm) ocorre durante as monções, nos meses de junho a setembro.

3.1.2.3 Cultura

A cultura da ala 14 é uma mistura de culturas de várias etnias, mas estas três são o principal festival Dashain, tihar e maghi.

3.1.2.4 Sistema de exploração agrícola

A agricultura é a principal ocupação deste bairro e as principais culturas são o arroz, o trigo, a cana-de-açúcar e a mostarda. As culturas de rendimento mais comuns são os legumes. Além disso, as pessoas também criam gado, como vacas *(Bosindicus*), búfalos (*Bubalussp.*), cabras (*Capra hircus*) e porcos (*Sus* sp.), para complementar a sua subsistência.

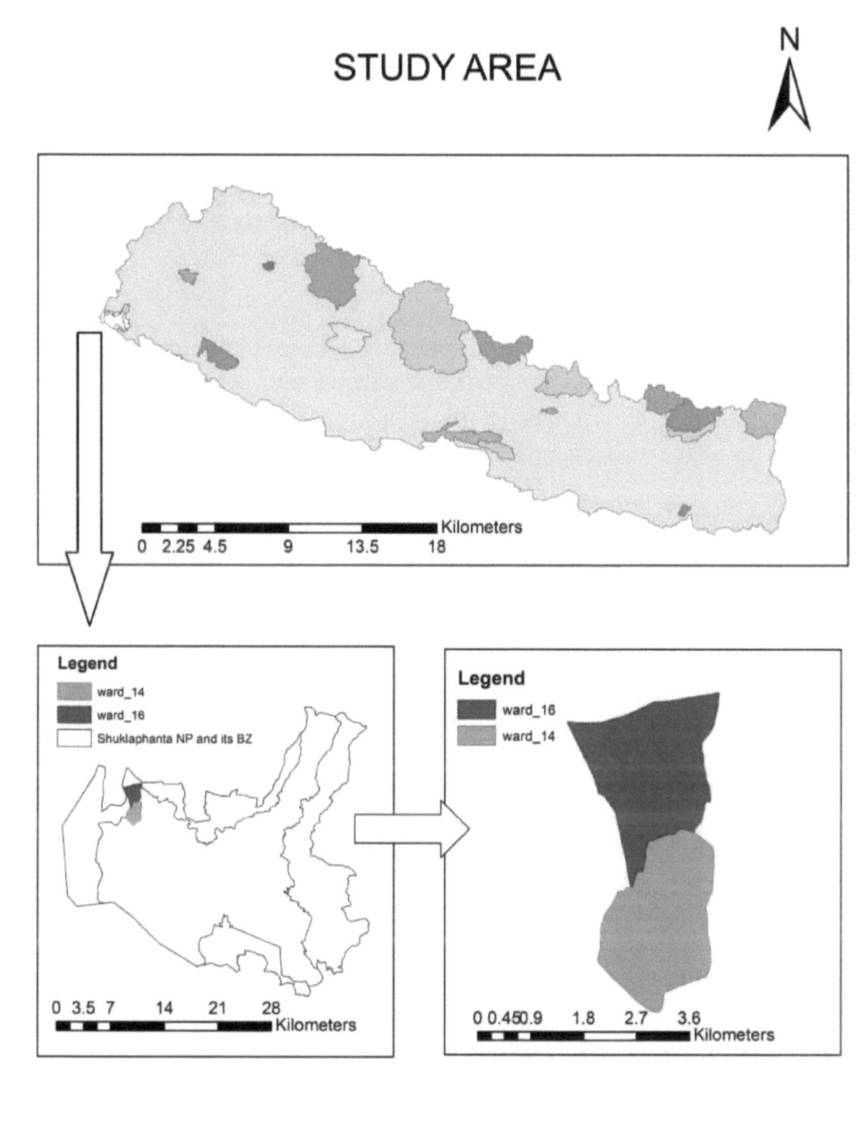

Fig: Área de estudo

3.2 Método de recolha de dados:

Este estudo foi do tipo exploratório e descritivo. Os dados primários e secundários foram recolhidos utilizando ferramentas e técnicas de Avaliação Rural Participativa

(ARP). Os dados foram recolhidos através da utilização de uma combinação de métodos de inquérito social que envolvem técnicas participativas (discussão em grupo, entrevista a informadores-chave), inquérito por questionário ao agregado familiar e observações no local. Os agregados familiares foram selecionados de forma aleatória, sem substituição. Antes do inquérito, as pessoas foram informadas sobre o objetivo do estudo. Tentou-se sempre entrevistar o chefe de família, que é quem toma a maior parte das decisões do agregado familiar. Na ausência do chefe de família, foi entrevistada a pessoa mais próxima do chefe (Baral, 1999).

3.2.1 Recolha de dados primários

Visita preliminar ao terreno

Foi efectuada uma visita de campo preliminar para adquirir conhecimentos sobre os aspectos socioculturais e biofísicos do sítio e para criar confiança com a população local, de modo a que esta complementasse o processo de investigação de forma participativa.

Inquérito ao agregado familiar (questionário)

Os questionários foram concebidos para solicitar informações tais como a condição socioeconómica, questões de conflito entre humanos e elefantes prevalecentes na área, natureza e extensão dos danos, atitude das pessoas em relação à conservação dos elefantes, medidas de adaptação aplicadas e provisão de compensação.
Foi realizado um inquérito aos agregados familiares na área de estudo. O questionário estruturado foi desenvolvido e pré-testado em 10% dos agregados familiares. Em seguida, os questionários foram finalizados e aplicados pessoalmente aos agricultores e habitantes locais nas suas casas ou quintas.

Observação direta

As diferentes actividades (biofísicas e socioeconómicas) foram diretamente observadas em vários locais, como a casa do inquirido, a quinta, a floresta do corredor e os arredores. As medidas de adaptação praticadas a nível local foram amplamente observadas.

Entrevista a informadores-chave, discussão em grupo, discussão informal:

Foram entrevistados e discutidos informadores-chave, grupos de discussão com líderes locais, membros do comité de utilizadores da zona tampão, professores, agricultores inovadores, etc., basicamente para recolher dados essenciais e inevitáveis e também para verificar os dados recolhidos. Simultaneamente, foi efectuada uma discussão informal rigorosa em diferentes momentos.

3.2.2 Recolha de dados secundários

Os dados secundários foram recolhidos no gabinete do parque nacional de Shuklaphanta, no gabinete do conselho de gestão da zona tampão, na biblioteca do DNPWC, nos técnicos de campo, nos informadores-chave, nos aldeões, nos pastores e na literatura relevante.

3.3 Análise dos dados

Os dados brutos recolhidos foram introduzidos no MS Excel 2010; o Arc view 10.2.2 foi utilizado na preparação do mapa da área de estudo. Os dados foram analisados com base na natureza da informação recolhida. Foram analisados gráficos, figuras ou quadros simples adequados, consoante a natureza dos dados.

CAPÍTULO 4

Resultados e discussões

4.1 Extensão dos danos causados pelos elefantes

4.1.1 Danos às culturas:

4.1.2 Inquiridos que sofreram danos nas culturas

Quase (64%) das pessoas foram encontradas a sofrer de danos às culturas causados por elefantes selvagens. Apenas 36% estão a salvo dos elefantes selvagens por danos às culturas. Isto deve-se ao facto destas duas alas serem adjacentes aos limites do parque e mais próximas do Parque Hattisar. A partir da discussão do grupo focal, verificou-se que os elefantes machos visitam o hattisar para apanharem elefantes fêmeas. Durante este período, a maior parte da colheita é danificada.

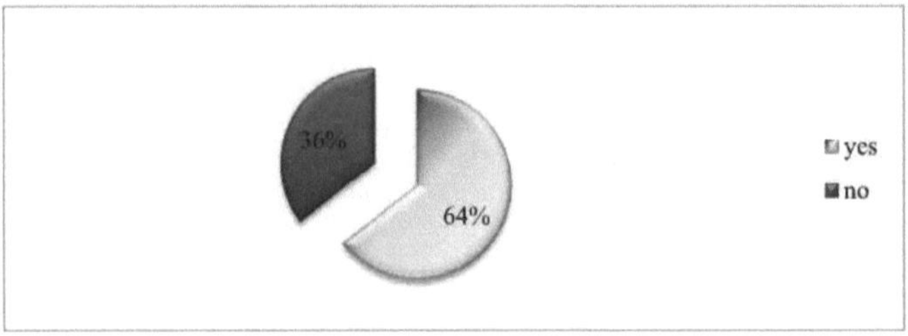

Fig: Inquiridos que sofreram danos nas culturas

4.1.3 Tipos de culturas danificadas

Entre o total de 45 agregados familiares que responderam, apenas 29 agregados familiares sofreram com o problema dos danos nas culturas. Dos 29 agregados familiares que responderam sobre os danos nas culturas agrícolas, 58,62%, 24,13%, 10,34% e 6,89% responderam como danos no arroz, trigo, mostarda e cana-de-açúcar, respetivamente.

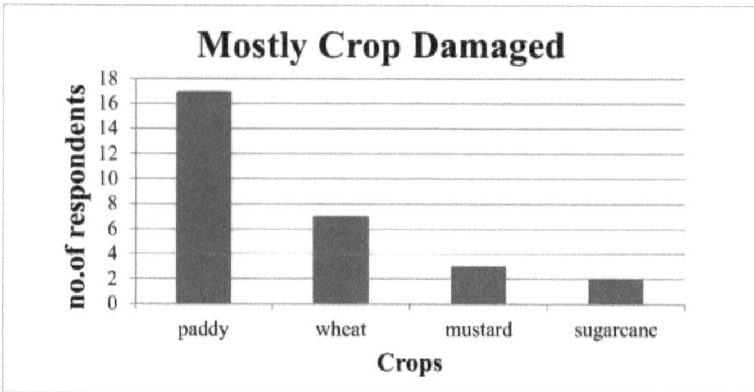

Fig. Tipos de culturas danificadas

4.1.4 PRINCIPAIS RAZÕES DO CONFLITO

O estudo revela que a principal razão por trás do conflito entre humanos e elefantes é a livre circulação de elefantes da Índia e a falta de vedações eléctricas.

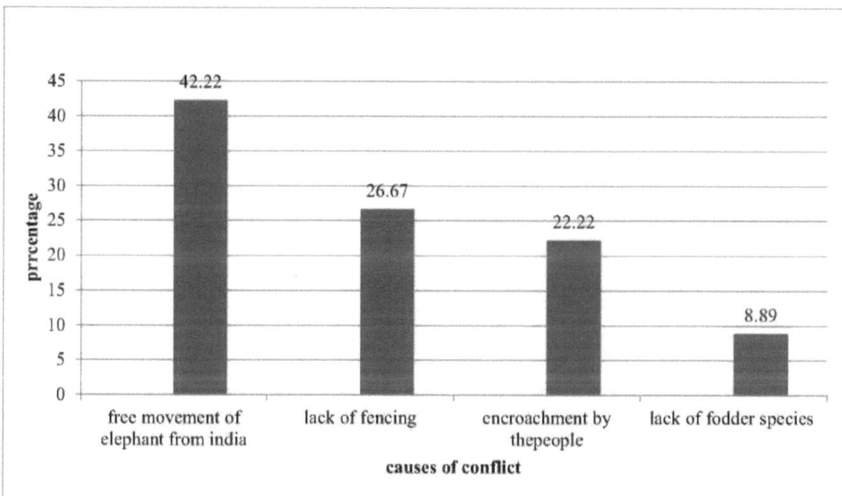

Fig: causas dos conflitos entre humanos e elefantes.

4.2 Terras cultivadas a partir da fronteira do parque e problemas de danos às culturas

O resultado mostra que o problema dos danos às culturas foi maior nos terrenos de cultivo com menos de 500m e que há menos problemas de danos às culturas nos terrenos de cultivo com 500-1000 metros. Existe uma relação indireta entre a distância do parque e o problema dos danos nas culturas dos inquiridos, ou seja, diminui quando a distância aumenta e aumenta quando a distância diminui.

Quadro 3: Relação entre as terras cultivadas e os danos causados às culturas

Land far from park boundary	Crop damage problem(respondents)				
	Yes(frequency)	%	No(frequency)	%	Total
Less than 500 meter	23	79.31	3	18.75	26
500 meter and above	6	20.68	13	81.25	19
Total	29		16		45

Fonte: inquérito no terreno 2017

4.3 Situação da produção de diferentes culturas:

Quadro 4: situação da produção

Ward no.	Paddy		Sugarcane		Wheat		Mustard	
	PP	AP	PP	AP	PP	AP	PP	AP
14	940	887	24	15	357	345	47	42
16	757	732	15	0	520	501	88	88

Nota: Todas as unidades estão em quintal e PP refere-se à produção potencial e AP refere-se à produção real (i.e. produção após os danos dos elefantes selvagens). Com base na resposta do inquirido, a diferença entre a produção potencial e a produção real pode depender de outros factores e não apenas dos danos dos elefantes selvagens. A produção total de arroz (940), trigo (357), cana-de-açúcar (24) e mostarda (47) na ala 14 e arroz (757), cana-de-açúcar (15), trigo (520) e mostarda (88). A principal razão para a alta produção de trigo na ala 16 em comparação com a ala 14 consiste em grandes terras secas cultivadas.

4.4 Perda total em valor monetário

Quadro 5: perda total em valor monetário

Ward no.	Paddy		Sugarcane		Wheat		Mustard	
	loss	amount	Loss	amount	loss	Amount	Loss	Amount
14	53	106000	9	3600	12	33600	5	40000
16	25	50000	0	0	19	53200	0	
Total	78	156000	9	3600	31	86800	5	40000
Per HH		3466		80		1928		888.89

Nota: A taxa de preços adoptada pelos inquiridos é a seguinte arroz = 2000/-, cana-de-açúcar = 400/-, trigo = 2800/-, mostarda = 8000/- (as taxas são por quintal no principal período sazonal)

As perdas máximas foram registadas devido a danos no arroz, que ascendem a cerca de 3466 rupias por habitação.

4.5 Montante das perdas de diferentes culturas

Cerca de 55% da perda total de dinheiro deve-se ao arroz danificado pelo elefante selvagem, seguido pelo trigo 30%, mostarda 14% e cana-de-açúcar insignificante.

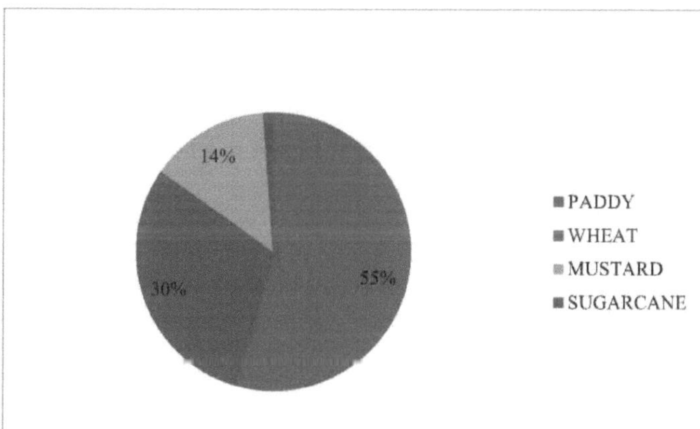

Figura: Valor das perdas em diferentes culturas

4.6 Bens danificados por elefantes selvagens

Os tipos de bens danificados pelo elefante selvagem nao sao iguais. Algumas das propriedades estão mais danificadas do que outras. Isto pode ser visto na figura apresentada.

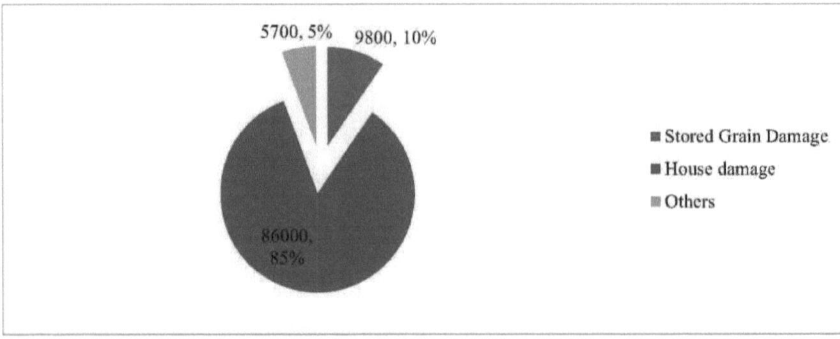

Fig: tipos de bens danificados

4.7Assédio humano

Ao perguntar aos 45 inquiridos do total de agregados familiares, não houve qualquer problema associado à depredação de gado, ferimentos e assédio humano. Não se registaram quaisquer baixas e ferimentos humanos na área de estudo durante o período de estudo e antes. Mas as pessoas viviam com medo de ataques de elefantes durante a época de cultivo de arroz.

4.8Sazonalidade dos danos:

A incidência de danos às culturas por elefantes selvagens foi mais elevada na estação do verão (julho - outubro), isto é, na estação de colheita de arroz, da mesma forma na primavera (março - junho), isto é, na estação de colheita de trigo e baixa nas outras estações do verão e outono, isto é, janeiro - fevereiro, maio - junho e agosto - setembro, respetivamente.

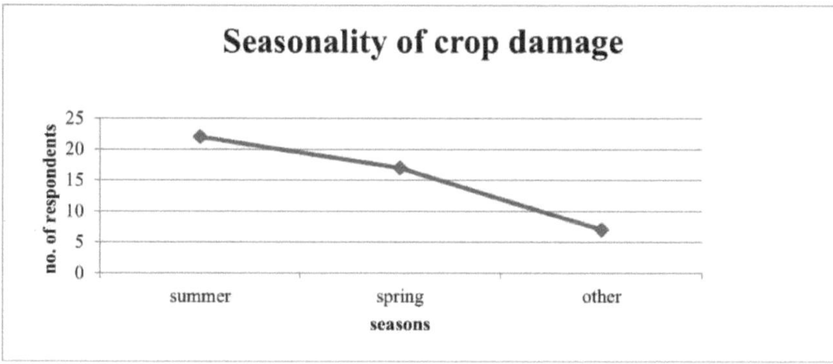

Fig: sazonalidade dos danos causados às culturas

4.9 Tempo de visita dos elefantes selvagens na área de estudo

A maior parte dos ataques às culturas e danos às propriedades pelos elefantes foram reportados como ocorrendo durante a noite em comparação com as horas da manhã e da tarde. Normalmente, os elefantes passam o dia dentro do parque. Os detalhes são apresentados no gráfico de pizza:

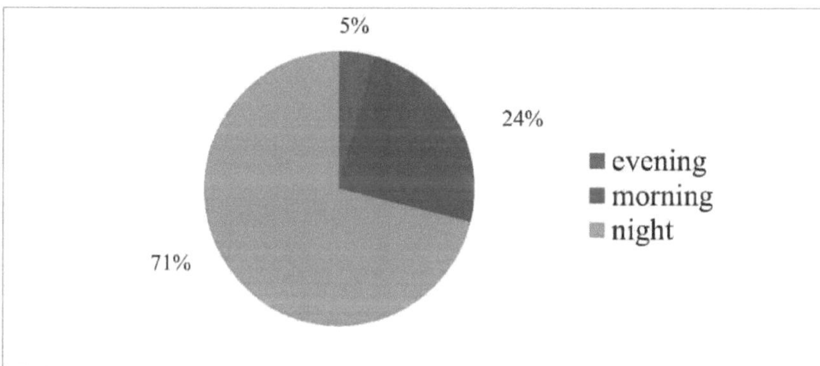

Fig: **Hora da visita**

4.9MEDIDAS DE ATENUAÇÃO ADOPTADAS NA ZONA DE ESTUDO:

Os inquiridos adoptaram os seguintes métodos para ameaçar os elefantes selvagens.

a) A seguir com fogo e gritos e, por vezes, com petardos:

Com base nos questionários, 42,2% (n=19) do total das amostras responderam positivamente aos métodos de fogo e gritos adaptados para assustar os elefantes migratórios selvagens.

b) Bater em latas e caixas:

Cerca de 15.5% (n=7) da amostra disse que assustar os elefantes com latas e caixas e altifalantes altos.

c) Vigilância de torres de vigia:

Cerca de 17.78% (n=8) responderam que perseguem os elefantes usando a torre para a sua proteção e descansam na torre de guarda durante a noite.

d) Todas as técnicas acima referidas:

Com base nos questionários, 24,44% (n=ll) dos inquiridos da amostra total perseguem os elefantes usando todas as técnicas (seguir com fogo e gritos, bater em latas e caixas e vigiar a torre de vigia. *(Detalhe como se mostra no gráfico de pizza dado)*

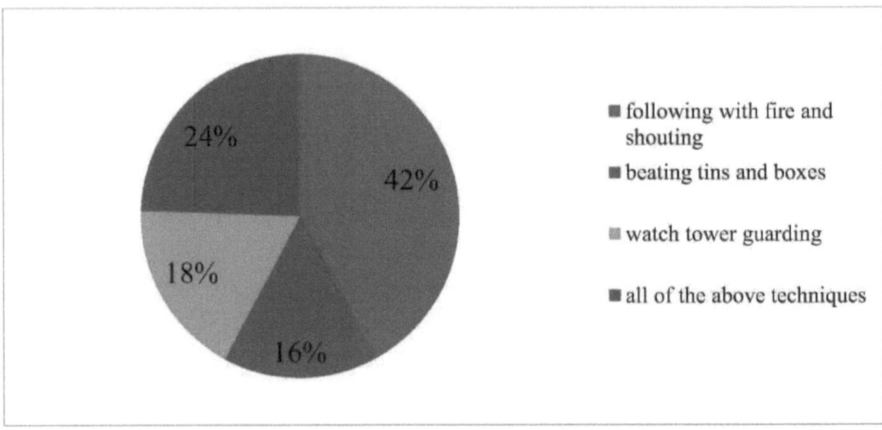

Fig: Medidas de atenuação adoptadas na zona de estudo

De entre as medidas de adaptação locais acima mencionadas, a mais eficaz foi a que se seguiu ao fogo e à gritaria, por vezes com petardos.

4.10 MEDIDAS DE ATENUAÇÃO EFICAZES:

O inquérito revelou que 73,33% (n=33) dos inquiridos responderam que a vedação eléctrica é um programa de atenuação eficaz, 13,33% (n=6) responderam que a compensação, 8,88% (n=4) responderam que a cultura alternativa e 4,44% (n=2) responderam que outras técnicas (trincheiras, bio vedações, formação e sensibilização).

4.11 PERCEPÇÃO DAS PESSOAS EM RELAÇÃO À CONSERVAÇÃO DOS ELEFANTES

Entre os inquiridos, 56% disseram que o elefante devia ser conservado e os restantes 44% negaram. A causa da sua concordância foi a importância ambiental e a importância religiosa.

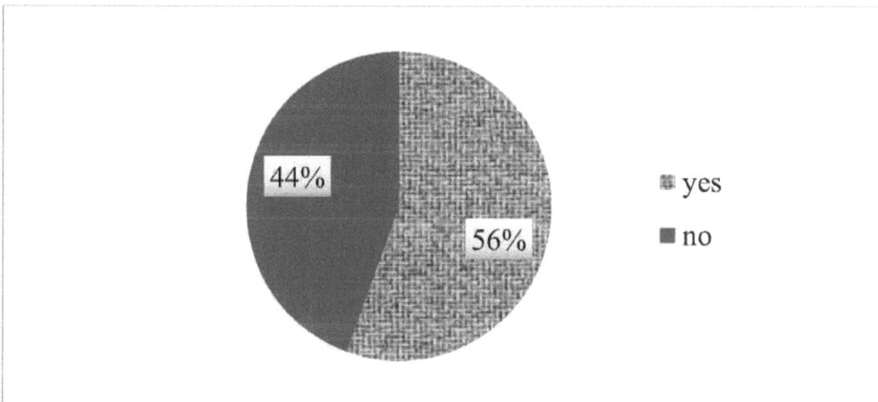

Figura: A perceção das pessoas relativamente à conservação dos elefantes

4.12 PERCEPÇÃO DAS PESSOAS RELATIVAMENTE À INDEMNIZAÇÃO

De acordo com os inquiridos, as percentagens de beneficiários da compensação eram muito baixas. Entre os poucos beneficiários, apenas 9% dos inquiridos estavam satisfeitos e 91% dos inquiridos estavam insatisfeitos com o montante da indemnização. A principal razão para a sua insatisfação foi o processo moroso e tedioso de obtenção da indemnização.

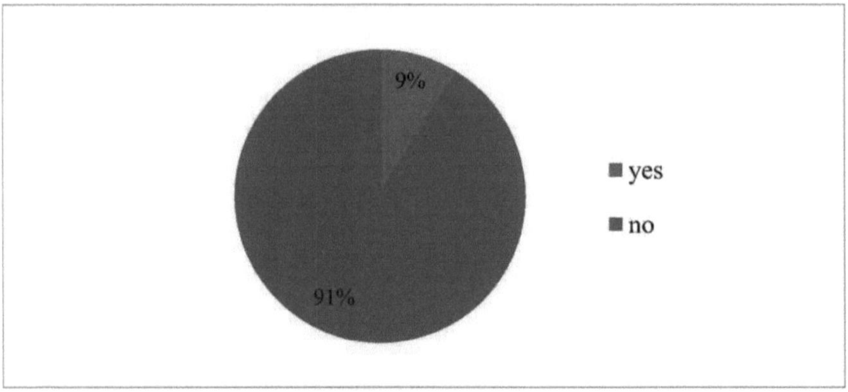

Fig: Perceção das pessoas em relação à conservação

CAPÍTULO 5

CONCLUSÕES E RECOMENDAÇÕES

5.1 Conclusão

O estudo examinou os problemas e questões prevalecentes na ala 14 e ala 16 do município de Bheem Datt (zona tampão do parque nacional de Shuklaphanta) que levam ao conflito entre humanos e elefantes. A maior parte dos problemas observados foram danos às culturas e à propriedade. Não se observou assédio humano e danos ao gado na área de estudo.

A principal cultura cultivada no campo era o arroz e os danos eram elevados na sua estação.

O segundo problema principal que prevaleceu foi o dos danos materiais. As pessoas sofriam de danos materiais, como danos parciais e totais em casas, cozinhas, casas de banho, barracões, etc.

A maior parte dos inquiridos da ala 16 foram positivos em relação à conservação dos elefantes e à proteção do parque em comparação com os inquiridos da ala 14, porque o nível de alfabetização das pessoas da ala 16 é elevado e elas beneficiam das actividades turísticas como estadia em casa, guia natural local, etc. Considerando os danos elevados na ala 14, houve uma perceção negativa das pessoas em relação à conservação dos elefantes.

Alguns pontos concluídos são enumerados a seguir.

O estudo examinou os problemas e questões que levam ao conflito entre o elefante selvagem e o homem na ala 14 e ala 16. 64% dos inquiridos disseram que estão a ter problemas de danos nas culturas devido ao elefante.

A principal cultura cultivada nos campos era o arroz e foram observados danos elevados na sua época, ou seja, agosto-setembro, em que começa a amadurecer.

A perda anual de economia das culturas danificadas é equivalente a NRs. 3466 (arroz), NRs.1928 (trigo), NRs.888.89 (mostarda) e NRs.80 (cana de açúcar) por família. Com a taxa de câmbio de 1$ = 104,38 NRS

O problema dos danos patrimoniais foi prevalecente e o valor estimado da perda total de bens no ano passado foi de NRS 101500, o que parece ser muito baixo, mas é alto em relação à economia local.

♦♦♦ Não foram observados ferimentos/casos de animais e de pessoas na área de estudo. Mas há um impacto psicológico negativo entre os habitantes, como o medo.

Dos 44 HHs, 56% dos inquiridos concordaram com a conservação do elefante mas 44% As pessoas discordaram da conservação do elefante embora o elefante danifique as culturas e as propriedades. Isto deve-se ao facto de que a maioria das pessoas venera o elefante como um deus e as pessoas estão a receber apoio dos parceiros de conservação como a WWF, ZSL e NTNC.

A pesquisa mostrou que 73,33% (n=33) dos entrevistados responderam que a cerca elétrica é um programa de mitigação eficaz, 13,33% (n=6) responderam que a compensação, 8,88% (n=4) responderam que a cultura alternativa e 4,44% (n=2) responderam que outras técnicas (trincheiras, bio cercas, treinamento e conscientização).Este resultado mostrou que o programa mais eficaz de acordo com o entrevistado foi a cerca elétrica.

5.2 Recomendações

1. Introdução de métodos de mudança de cultura:

Os agricultores devem ser encorajados a cultivar culturas alternativas ou de rendimento que são desagradáveis para os elefantes selvagens. A gestão do mercado destas culturas é necessária para encorajar os agricultores a cultivarem estas culturas nos campos. Há uma necessidade extrema de plantação de culturas repelentes de elefantes tais como o chá.

2. Recomendações de gestão

Um programa de gestão eficaz poderia ajudar a reduzir o conflito tanto na ala 14 como na ala 16. Pode não acabar completamente com o conflito na zona tampão, mas certamente ajudará a reduzir o conflito em alguns graus. Algumas delas são

- A formação para perseguir os elefantes selvagens deve ser realizada para que as pessoas tenham mais conhecimento sobre os métodos que estão a ser usados nas outras áreas de conflito e encontrem um método apropriado para elas.

- A vedação eléctrica deve ser feita ao longo da linha de fronteira entre o parque e a zona tampão.

- Introdução de instrumentos modernos, tais como luzes, binóculos de visão nocturna, diferentes dispositivos para assustar, instrumentos que produzem sons estranhos, etc.

- A eletricidade deve ser fornecida na área de conflito durante a noite para que seja mais fácil de avistar e as torres de telefone e telemóvel devem ser geridas para a comunicação quando o elefante entra no campo.

3. Construção de barreiras físicas e sua manutenção regular

Devem ser introduzidas nas zonas barreiras físicas como vedações eléctricas, vedações solares, torres de vigilância e construção de diques, sendo necessária a manutenção das construções existentes.

4. Cooperação com o Governo indiano

Os elefantes não estão a causar problemas apenas no Nepal, mas também na Índia. Por conseguinte, é necessária uma boa cooperação transfronteiriça para resolver esta questão a nível internacional, o que também ajudaria a manter uma relação harmoniosa com o país vizinho.

5. Prestação de indemnização

As pessoas que recebem uma indemnização são em menor número. Embora a indemnização não seja uma forma conveniente de resolução de conflitos, pode ajudar a reduzi-los em certa medida e a minimizar a agressividade das pessoas. Por conseguinte, a prática do sistema de indemnização deve centrar-se nas verdadeiras vítimas.

REFRÊNCIAS

> Bajimaya, S. (2012) Managing human-wildlife conflict in Nepal. Em Biodiversity Conservation in Nepal: Uma História de Sucesso (eds K.P. Acharya & M. Dhakal), pp. 21-34. Departamento de Parques Nacionais e Conservação da Vida Selvagem, Katmandu, Nepal.

> Baral, N. (1999). Interação Homem-Elefante na Reserva Real de Vida Selvagem de Suklaphanta, Nepal. Um relatório apresentado ao Programa ParkPeople/Departamento de Parques Nacionais e Conservação da Vida Selvagem (DNPWC), Katmandu, Nepal

> Bhatta, S. R. (2003). Elephant-Human conflict in Nepal Terai PAs with particular emphasis to western Terai arc landscape. Um relatório apresentado ao programa WWF Nepal

> Choudhury, A., Lahiri Choudhury, D.K., Desai, A., Duckworth, J.W., Easa, P.S., John Singh, A.J.T. et al. (2008) Elephas maximus. In The IUCN Red List of Threatened Species v. 2014.3. Http://www.iucnredlist.org [acedido em 12 de maio de 2015].

> DNPWC (2009). Plano de Ação para a Conservação dos Elefantes no Nepal, Governo do Nepal, Ministério das Florestas e Conservação do Solo, Departamento de Parques Nacionais e Conservação da Vida Selvagem.

> Plano de Ação para a Conservação dos Elefantes, 2009 https://www.google.com.np/url?sa=t&rct=j &q=&esrc=s&source=web &cd=l&cad=rja&uact=8&ved=0ahUKEwj6iNrDk9HXAhWLvI8KH X2iCucQFggmMAA&url=http%3A%2F%2Fdofdocs.gov.np%2Fdow nload.php%3Fcid%3D85%26f%3DElephant%2520Conseravtion%25 20Action%2520Plan.pdf&usg=AOvVawltsvRgCbnMsFLV_sdVOm_ o

> Fernando, P., E. Wikramanayake, D. Weerakoon, L. K. A. Jayasinghe, M. Gunawardene, e H.K. Janaka. 2005. Perceptions and patterns of human-elephant conflict in old and new Settlements in Sri Lanka: insights for mitigation and management. Biodiversity and Conservation 14:2465-2481.

> Groombridge, B. (ed) (1993)-(1994) Red List of Threatened Animals. IUCN, Gland, Suíça e Cambridge, Reino Unido. 286pp

> Hoare, R. (2002) African elephants and humans in conflict: the outlook for co-existence. Oryx, 34, 34-38.

> Hedges , S. & Gunaryadi, D. (2010) Reduzir o conflito entre humanos e elefantes: as malaguetas ajudam a dissuadir os elefantes de entrarem nos

campos de cultivo? Oryx, 44, 139-146

> Jnwali, S.R.,Baral, H.S., Lee, S., Acharya, K.P., Upadhyay,G.P., Pandey, M., Shrestha, R., Joshi, D., Lamichhane, B.R., Griffiths,!., Khatiwada, A.P., Subedi, N., e Amin, R.,(compiladores)(2011) The Status of Nepal Mammals: The National Red List Series, Department ofNational Parks and Wildlife Conservation Kathmandu, Nepal.

> Pradhan, N.M.B. (2007). Um estudo ecológico de uma população recolonizadora de elefantes asiáticos (*Elephas maximus)* em terras baixas do Nepal. Tese de Doutoramento Scientiarum 2007:6. Universidade Norueguesa de Ciências da Vida, Noruega.

> Parker, G.E., Osborn, F.V., Hoare, R.E. & Niskanen, L.S. (2007) Human-Elephant Conflict Mitigation: A Training Course for Community-Based Approaches in Africa. Manual do Participante. Elephant Pepper Development Trust, Livingstone, Zâmbia, e IUCN/SSC African Elephant Specialist Group, Nairobi, Quénia.

> Pradhan, N.M.B., Williams , A.C. & Dhakal, M. (2011) Situação atual dos elefantes asiáticos no Nepal. Gajah, 35, 87-92

> Seidensticker, J. (1984). Managing elephant depredations in agriculture and forestry projects, Documento técnico. Banco Mundial, Washington D.C.

> Shrestha, R., Bajracharya, S. B., Pradhan, N.M.B., (2007).A case study on Human- Wildlife Conflict in Nepal (with particular reference to Human Elephant Conflict in eastern and western Terai). Um relatório de estudo apresentado ao programa WWF Nepal, Nepal.

> Sitati, N., Walpole, M., Smith, R. & Leader-Williams , N. (2003) Predicting spatial aspects of human-elephant conflict. Jornal de Ecologia Aplicada, 40, 667-667

> Sukumar, R. (1989). Crop Raiding by elephants (109-142 PP), Habitat manipulation by people (143-164 PP), and Elephants slaughter by people (165-173 PP). The Asian Elephant ecology and management, Universidade de Cambridge.

> Sukumar, R. 1992. *O Elefante Asiático: Ecologia e Gestão. Segunda edição.* Cambridge University Press, Cambridge, Reino Unido.

> Thouless, C.R. & Sakwa J. (1994). Chocando elefantes: Cercas e Raiders no Distrito de Laikipia, Quénia. Biological Conservation 72 (1995): 99-107

> Velde, P. F. T. (1999). Trans-Boundary Elephant, Corridors, Protecting the Wild Elephant, dispersal pattern of the Far Western Terai Region through corridor linking. Programa WWF Nepal, Série de Relatórios #39. 18 PP.

> World Wildlife Fund for Nature, Asian Rhino and Elephant Action Strategy (2002). Assegurar um futuro para os rinocerontes e elefantes selvagens da Ásia.

> Yadav, B. R. (2002) Interface Elefante (*Elephas maximus*) - Pessoas no Leste do Nepal. Tese de Mestrado. Universidade Agrícola da Noruega.

> Yadav, B.R (2007) Relações e Conflitos entre Humanos e Elefantes no Leste do Nepal P.Hd. Tese

ANEXO -1

Questionário para a população local

Nome do inquirido:

Endereço: VDC: -....................................

Wardno .... Tocar ....Sexo: Idade: Educação: ....

Estatuto de residência: - a. Local b. Migrante das colinas c. Outros.

Problema associado aos danos causados às culturas

1. Que tipo de culturas tens no teu campo?
   a. Arroz b. Trigo c. Cana-de-açúcar d. Outros

2. Tem algum problema com os elefantes selvagens?
   a. Sim =lb. Não=2

SN	Particulars	Amount	Remarks
1	Land holding	…… bigha/kathha	
2	Distance of land from national boundary	>500m,500-1000m,>1000m	…..hours/ min
3	Major crops grown (Paddy=1, Wheat=2, sugarcane=3, others=4)	…….quintal/…….kg	
4	Crop damage by elephants (yes=1, No=2)	……Quintal/ …….kg	
5	Mostly crop damaged by (elephant=1, others=2)		
6	Commonly elephant enter into the crop fields(day=1, night=2)		
7	Season (Paddy=1, wheat=2. others=3)		

4. Com que frequência é que os elefantes entram no terreno?

a. Todos os dias b. Todas as noites c. 1-2 vezes por semana d. 1-2 vezes por mês e. Nunca

1. Os elefantes danificam igualmente em todos os períodos de crescimento?

a. Sim=lb. Não=2

2. Em que meses é que os elefantes causam problemas e qual é o pior mês?
a. junho-julho b. julho-agosto c. agosto-setembro

7. Aplica algumas técnicas para expulsar o elefante selvagem do campo?

a. Sim=l b. Não=2

8. Em caso afirmativo, que tipo de técnica aplica?

a. Gritar e seguir b. Seguir com fogo c. Seguir com fogo e gritar. Seguir + atirar pedras + gritar. Assustar batendo em caixas de lata f. Guarda de Machan g. Outros

9. Deixa alguma área de terra em pousio durante algum período do ano devido ao problema dos elefantes?

a. Sim=l b. Não=2

Em caso afirmativo, qual a quantidade de terra que deixa em pousio? Bigha/ ....Katha

10. Consegue sustentar a sua família através da agricultura?
a. Sim=l b. não=2
11. Em caso negativo, porque parte das suas culturas são destruídas por elefantes?
a. Sim=l b. Não=2
12. É possível obter alguma indemnização por este tipo de danos?
l.Sim=l b.Não=2
13. Considera que a indemnização é suficiente ou razoável em relação aos danos?

a. Sim=l b. Não=2

14. Está disposto a participar, se for iniciado um programa de seguro de colheitas?

Problema associado à depredação de gado, ferimentos e assédio humano.

1. Que tipo de problemas tem com os elefantes? a. Danos nas colheitas b. Assédio c. Outros

2. Como é que se identificam os danos causados pelos elefantes?

a) Na noite passada viu elefantes a entrar no campo b) Na noite passada ouviu o barulho dos elefantes no campo c) Pegadas d) Padrão de pastagem e) Quaisquer outros

3. Achas que o elefante deve ser conservado?

a. Sim=l b. não=2

4. Em caso afirmativo, porque é que é necessário conservar? Dá a tua opinião.

5. A tendência da exploração pecuária é de aumento ou de diminuição?

a. Aumentou **b.** diminuiu

Número de cabeças de gado

Livestock	**Number holding**		**Damaged no**	**By elephant =1,other =2)**	**When? (Date)**
	Adult	Sub-adult			
Buffaloes					
Cattle/ox					
Goat/sheep					
Others					

6. Os elefantes atacaram os seus animais domésticos ou/e membros da sua família? família? a.Sim=l b. Não=2 7. em caso afirmativo, em que montante? Onde e como? 8. Com que frequência é que os elefantes atacam e perseguem as pessoas nessas áreas específicas?

a. Todos os meses. b. Apenas nalguns meses c. todos os anos

9. Alguém da tua família foi perseguido por elefantes e quando é que isso aconteceu?

a. Este ano b.O ano passado b. Dois anosc. Três anos atrás

d. Há quatro anos e. Há cinco anos

9. Se for ferido por um elefante, recebe alguma ajuda ou assistência médica das autoridades competentes?

a. Sim=l Não=2

10. Em caso afirmativo, de que tipo de ajuda necessita?

11. O comportamento agressivo é diferente quando se está sozinho ou em grupos sociais?

a. Sim =lb. Não =2

12. Em caso afirmativo, qual é o grupo social que reage de forma mais agressiva e perigosa?

I Mai ii Fêmea iii Fêmea com cria iv Macho com feminino... v. grupos sociais maiores

13. Se os elefantes te atacassem, como é que te salvavas?

Problema associado aos danos materiais.

1. Tem problemas de danos materiais?

   a. Sim=l b. Não=2

2. Em caso afirmativo, até que ponto?

S. No	Property type	Partial Damage	Complete damage	Estimated amount	Date/years
1					
2					
3					

Atitude das pessoas em relação à conservação dos elefantes

Indique a sua atitude em relação à vida selvagem que se segue:

Particulars	**Yes**	**No**
Elephant should be conserved		
Wildlife in general		
Fencing may apply		

1. Porque é que é necessário conservar? Dá a tua opinião.

2. Qual poderá ser a principal razão por detrás do conflito entre humanos e elefantes?

a. Recursos limitados b. Partilha do habitat/corredor do elefante com a colonização humana/campo agrícola c. Livre deslocação do elefante da Índia (colonização perto da fronteira com a Índia)

d. Aumento do número de elefantes selvagens e. Outros

3. Sensibilização para a conservação dos elefantes?

a. Aumentou=l, **b.** Diminuiu=2

4. Consegue dar prioridade aos três principais problemas dos elefantes?

5. Tem alguma cultura que não seja danificada pelos elefantes?

a. Sim=l   b. não=2

6. Em caso afirmativo, quais são?

7. Adoptou outras medidas de adaptação?

8. Tem alguma recomendação/sugestão para reduzir a depredação do gado, as vítimas humanas e as perdas de propriedade?

Alguns instantâneos de sítios no terreno

Biografia:

Gopi Krishna Joshi: Um dos estudantes de pós-graduação do Instituto de Silvicultura, campus de Pokhara, Nepal, cuja área de interesse é a investigação de espécies da paisagem no Nepal. A sua preocupação é também estudar os conflitos entre o homem e a vida selvagem no Nepal.

Bhuwan Singh Bist: É um jovem investigador emergente da vida selvagem no Nepal. A sua área de interesse é a investigação de mamíferos de pequeno e grande porte para contribuir para a comunidade científica. O Sr. Bist tem boas práticas de armadilhagem fotográfica como instrumento de monitorização da vida selvagem. É também o investigador pioneiro do esquivo gato malhado no Nepal.

Prashant Ghimire: Prashant Ghimire é um investigador universitário e conservacionista da vida selvagem no Nepal. Trabalha com as comunidades para aproximar a ciência das pessoas e trazer positividade em relação à vida selvagem. O seu interesse reside na investigação sobre aves e na ligação com a dimensão humana. Desenvolve actividades de investigação e conservação da cegonha-pescoço-lanudo asiática no Nepal.

MIX
Papier aus verantwortungsvollen Quellen
Paper from responsible sources
FSC® C105338

Printed by Books on Demand GmbH, Norderstedt / Germany